DICKER HUND

Auch die Liebe zum Hund geht durch den Magen. Leider häufig zu viel davon – und schon haben wir es mit dem sprichwörtlichen „Dicken Hund“ zu tun. Damit der sich wieder wohl fühlt, müssen wir die Liebe umleiten. Wie das gelingt, und wie Vier- und Zweibeiner Spaß daran haben, sagt Ihnen dieser Ratgeber.

Inhalt

SO LEICHT HÄLT IHR HUND DIE FIGUR

ANHANG

TIPPS & INFOS

Interessante Tipps & Infos rund ums Abnehmen finden Sie auf den Seiten 6, 7, 10, 11, 12, 17, 18, 19, 23, 24, 26, 30, 32, 33, 38, 41, 42, 43, 45.

Ist denn mein Hund wirklich zu dick?

Sie selbst merken es kaum. Schließlich sehen Sie Ihren vierbeinigen Begleiter Tag für Tag und bekommen kleine Veränderungen gar nicht mit. Bis eines Tages jemand sagt, Ihr Hund habe „ganz schön was auf den Rippen." Ist die Bemerkung ein „dicker Hund" oder eine harte Wahrheit?

Der Wahrheit ins Auge sehen

Drei von vier Hundehaltern sehen Gewicht und Statur ihrer Vierbeiner als „genau richtig" an, ergab die europaweite Umfrage eines Futtermittelherstellers. Statistiken von Experten dagegen befinden: Jeder zweite Hund bringt zu viel auf die Waage. Stattliche Neufundländer und elegante Wind- oder Jagdhunde sind gleichermaßen betroffen – es hat also nichts mit dem Körperbau oder den berühmten „schweren Knochen" zu tun.
Ob Ihr Liebling zu dick ist, können Sie mit drei einfachen Tests überprüfen.

Die Seitenansicht

Der erste Blick gilt der Silhouette. Sie können sich am besten ein Bild machen, wenn Sie sich einen Augenblick auf den Fußboden setzen und Ihren Hund aus dieser Perspektive von der Seite betrachten. Steigt seine Bauchlinie vom Brustkorb aus in Richtung Becken auf, ist er in Top-Form. Verläuft die Linie dagegen eher waagerecht oder senkt sie sich gar, spricht das für Übergewicht.

Der „Überblick"

Für den nächsten Test müssen Sie die Perspektive wechseln: Stellen Sie sich dazu am besten auf einen Schemel und schauen Sie auf Ihren Hund herab. Bei einem schlanken Tier ist der Bereich hinter den Rippen schmaler, so dass eine „Taille“ zu erkennen ist. Ein dickes Tier dagegen zeigt eher Ausstatt Einbuchtungen.

Die Tastprobe

Streichen Sie mit flachen Händen und leichtem Druck an den Rippen Ihres Hundes entlang. Können Sie die Rippenbögen unter einer dünnen Fettschicht deutlich spüren – oder liegen sie etwa unter dicken Polstern verborgen?
Weisen die Ergebnisse Ihrer Überprüfung eher in Richtung „dicker Hund“? Trösten Sie sich: Es muss ja nicht so bleiben!

Ihr Hund neigt zum Betteln? Dann geben Sie ihm lieber einen Korb!

TIPP
FETT-FALLEN

Bestimmte Situationen führen den Hund in die Fettfalle:
Fettfalle Menschentisch: Tischreste, Kuchen, Kekse, Süßes (→ Seite 10), Nüsse und vieles mehr.
Fettfalle Katzentisch: Katzenfutter taugt zum kurzfristigen „Aufpäppeln“ magerer Hunde, denn es ist wesentlich eiweißreicher als Hundefutter. Für Dicke verboten!
Fettfalle Futterneid: Hunde als „Mitesser“ lassen den Dicken schlingen – selbst wenn er satt ist.

Warum wird der Hund so rund?

Bleibt die Frage: Wie sind die Pfunde auf den Hund gekommen? Kann eine Krankheit dahinter stecken? Wenn Ihr Vierbeiner ein volles Haarkleid, klare Augen, regelmäßige Verdauung und ein munteres Wesen hat, ist das zum Glück sehr unwahrscheinlich. Anderenfalls heißt es: Keine Zeit verlieren, sondern so schnell wie möglich zum Tierarzt! Eine Unterfunktion der Schilddrüse oder eine Überproduktion von Nebennierenhormonen (Morbus Cushing) gehen mit Übergewicht einher, auch Bauchwassersucht oder Tumor-Erkrankungen können zu dramatischen Umfangs- und Gewichtsveränderungen führen. Je schneller eine Krankheit erkannt wird, umso besser sind die Heilungschancen.

Die Fett-Anfälligen

In den allermeisten Fällen jedoch steckt hinter den Fettpolstern das simple Gesetz von Ursache und Wirkung: Der Hund nimmt mehr Energie auf als er (ver)braucht. Im Klartext: Er futtert zu viel und bewegt sich zu wenig. Einige Hunde sind anfälliger fürs Dickwerden als andere. Dazu gehören:

➤ **Ältere Tiere.** Vom 7. oder 8. Lebensjahr an verlangsamt sich der Stoffwechsel und damit verringert sich der Kalorienbedarf. Viele Hunde-Senioren können sich auch nicht mehr so ausgiebig bewegen wie früher. Sie brauchen deshalb ein weniger reichhaltiges, aber dennoch hochwertiges und leicht verdauliches Futter.

➤ **Wenig aktive Tiere.** Der sprichwörtliche „faule Hund“ setzt natürlich besonders leicht Fett an. Vor allem, wenn er beim Fressen gar nicht mehr faul ist …

➤ **Kastrierte Tiere.** Sexualhormone machen den Stoffwechsel „schneller“. Werden sie nicht mehr ausgeschüttet, verwertet der Körper die zugeführte Nahrung in aller Regel viel gründlicher. Grobe Faustregel deshalb: Nach dem Eingriff die Futtermenge um etwa 20 Prozent kürzen.

➤ **Bestimmte Rassen.** Übergewicht ist nicht erblich, die Anlage dazu aber schon. Deshalb sind unter den „dicken Hunden“ Vertreter einiger Rassen besonders häufig zu finden. Zu den häufig übergewichtigen Rassehunden gehören beispielsweise der Dackel oder der Basset (→ Info, links).

INFO

DICKERCHEN-GENE

Vertreter einiger Rassen haben anscheinend eine „eingebaute“ Neigung zu Übergewicht. Halb so schlimm – wenn wir aufpassen, dass sie nicht außer Form geraten. Gefährdet sind vor allem diese Rassen:

- **Bassett**
- **Beagle**
- **Cairn-Terrier**
- **Cocker Spaniel**
- **Dackel**
- **Golden Retriever**
- **King-Charles-Spaniel**
- **Labrador**
- **Pekinese**
- **Pudel**
- **Sheltie**
- **Tibet-Terrier**
- **Welsh Corgi Cardigan**
- **Westhigland White Terrier**

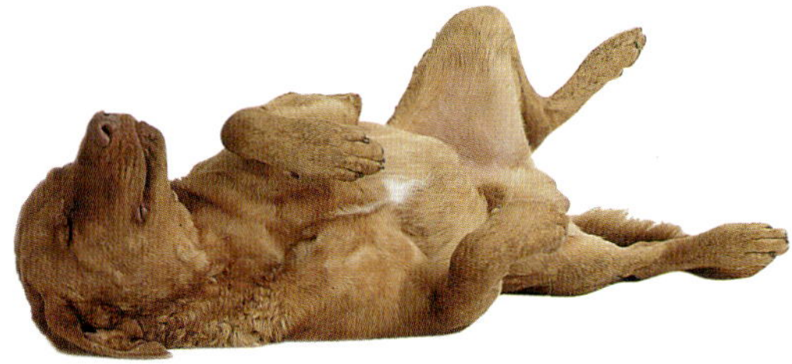

Test: Sind Sie ein Dickmacher?

1. Wie viele Mahlzeiten bekommt Ihr Hund täglich?
a) Eine große 0
b) Zwei 2
c) Drei bis vier kleinere 4

2. Halten Sie regelmäßige Fütterungszeiten ein?
a) Ja, wenn möglich 4
b) Eher nicht 1

3. Sie gehen mit Ihrem Hund jeden Tag …
a) Bis zu zwei Stunden 4
b) Etwa eine Stunde 3
c) Etwa eine halbe Stunde 2
d) Bis er sein „Geschäft“ erledigt hat 0

4. Kennen Sie die täglich verfütterte Kalorienmenge?
a) Ja 4
b) Nein 0

5. Womit ernähren Sie Ihren Hund hauptsächlich?
a) Mit Fertigfutter 4
b) Sie kochen für ihn 2
c) Mit Tischresten 0

6. Bei schlechtem Wetter will Ihr Hund am liebsten …
a) nicht nach draußen 0
b) gerne raus 4

7. Wird er zusammen mit anderen Vierbeinern gefüttert?
a) Ja 2
b) Er geht schon mal ans Katzenfutter 0
c) An andere Futterplätze kommt er nicht heran 4

8. Geben Sie Ihrem Hund etwas, wenn er bettelt?
a) Ja, meistens 0
b) Grundsätzlich nicht 4

9. Mit Artgenossen spielt und tobt Ihr Hund …
a) jeden Tag 4
b) ein paar Mal in der Woche 3
c) ein bis zwei Mal pro Woche 2
d) ein bis zwei Mal pro Monat 1
e) ganz selten 0

10. Am liebsten spielt Ihr Hund mit …
a) Gegenständen zum Apportieren 4
b) einem Ball 2
c) einem Kauknochen 1

11. Wie viel Zeit wenden Sie für die Körperflege Ihres Hundes auf?
a) Täglich eine halbe Stunde 4
b) Weiß ich nicht 1

12. Bei Restaurantbesuchen …
a) bleibt Ihr Hund brav unter dem Tisch sitzen 4
b) bettelt er bei uns 2
c) bettelt er überall 0

13. Wiegen Sie Ihren Hund regelmäßig?
a) Nein 0
b) Ja 4

14. Ihr Hund legt Ihnen seine Pfote aufs Knie. Was tun Sie?
a) Ich füttere ihn 0
b) Ich streichle ihn und spreche mit ihm 2
c) Ich spiele mit ihm 4

15. Gibt es zwischen den Mahlzeiten etwas zu futtern?
a) Grundsätzlich nicht 4
b) Gelegentlich 2
c) Ja, immer wieder 0

Sie meinen es gut mit Ihrem Hund. Vielleicht sogar zu gut? Der Test verrät Ihnen, wo die Fettnäpfchen stehen …

Auswertung

Bis 5 Punkte: Ein Blick aus treuen Hundeaugen – und schon machen Sie einen Leckerbissen locker. Anstrengungen wollen Sie Ihrem Hund nicht zumuten. Dabei macht es Spaß, gemeinsam mit dem Hund etwas zu unternehmen.

6 bis 22 Punkte: Sie würden sich ja gern ausgiebig mit Ihrem Hund beschäftigen, aber der Alltag mit seiner Hektik hat Sie in den Klauen. Ihr Hund muss deshalb mit (reichlich) Futter vorlieb nehmen. Geben Sie Ihrem Hund weniger Futter und mehr Zuwendung – auch wenn Sie sich die Zeit dafür abknapsen müssen.

23 bis 39 Punkte: Sie wissen, dass körperliche Fitness und Wohlbefinden eng zusammenhängen. Deshalb geben Sie sich Mühe, sich selbst und Ihren Hund in Form zu halten. Manchmal allerdings kommt Ihnen der „innere Schweinehund" in die Quere.

Ab 40 Punkte: Sie sind alles andere als ein „Dickmacher". Ihr Hund ist vermutlich rank und schlank, und Sie selbst haben ebenfalls keine größeren Figurprobleme. Sie achten auf gesunde Hunde-Ernährung und viel Bewegung an frischer Luft. Und Sie sorgen dafür, dass die Aktivitäten draußen Ihnen beiden Spaß machen.

Das sind die Dickmacher

Wer zu viel (fr)isst, wird dick. Wer das Falsche futtert, ebenfalls. Und auch mangelnde Bewegung ist Schuld an zu viel Speck auf den Rippen. Zu den häufigsten Dickmachern gehören:

Tischreste

Sie kennen den bettelnden Blick? Doch unser Essen ist in der Regel für Hunde zu fett, zu stark gewürzt, zu arm an Eiweiß und zu reich an Kohlenhydraten. Die werden dann nicht mehr zur Energiegewinnung verbrannt, sondern als Fettpolster gespeichert. Der Hund wird rund!

Süßigkeiten

Auch hier: „leere" Kohlenhydrat-Kalorien, die gleich als Fett gespeichert werden. Außerdem sind die süßen Sachen schädlich für die Zähne, können auf Dauer Zuckerkrankheit verursachen und belasten das Immunsystem. Das in Schokolade enthaltene Theobromin ist für unsere Vierbeiner

INFO

WAS RASSEHUNDE WIEGEN UND WIE VIEL ENERGIE SIE BRAUCHEN

Die Zwerge	Schulterhöhe ca.	Gewicht ca.	Kalorienbedarf /Tag ca.
Chihuahua	15 – 23 cm	1 – 3 kg	105 – 315
Yorkshire-Terrier	22,5 – 23,5 cm	2,5 – 3,5 kg	260 – 360
Malteser	20 – 25 cm	2 – 3 kg	210 – 315
Die Kleinen	**Schulterhöhe ca.**	**Gewicht ca.**	**Kalorienbedarf/Tag ca.**
Beagle	35 – 41 cm	14 – 15 kg	1000 – 1800
Cocker Spaniel	38 – 41 cm	13 – 15 kg	930 – 1080
Dackel	20 – 27 cm	6,5 – 9 kg	530 – 730
Westhighland White	25 – 28 cm	7 – 10 kg	570 – 720
Die Größeren	**Schulterhöhe ca.**	**Gewicht ca.**	**Kalorienbedarf/Tag ca.**
Boxer	53 – 63 cm	25 – 32 kg	1550 – 2000
Collie	51 – 61 cm	18 – 30 kg	1260 – 1900
Dalmatiner	50 – 61 cm	23 – 25 kg	1600 – 1750
Deutscher Schäferhund	55 – 65 cm	34 – 45 kg	2100 – 2800
Golden Retriever	51 – 61 cm	27 – 36 kg	1700 – 2250

sogar giftig. Sie tun Ihrem Liebling also gar nichts Gutes, wenn Sie ihn mit Süßigkeiten „verwöhnen".

Häppchen

Ein Stück Wurst zur Belohnung, Snacks für „den Hunger zwischendurch", ein Leckerchen hier, ein Kräckerchen da. Und das alles zusätzlich zu den regulären Mahlzeiten! Kein Wunder, dass sich die Pfunde sammeln.

Falsches Fertigfutter

Der Handel bietet eine Riesenauswahl von Fertigfuttersorten mit unterschiedlichem Energiegehalt an. Das ist sinnvoll, denn junge Hunde brauchen doppelt so viel Energie wie ihre erwachsenen Artgenossen, „Arbeitstiere" und Sportskanonen können mehr Kalorien vertragen als Schoßhunde. Weniger sinnvoll wäre es, wenn sie alle das gleiche, reichhaltige Fertigfutter bekommen würden: Was nicht verbrannt wird, geht dann eben auf die Figur …

Mangelnde Bewegung

Auf jedem Konto gibt es stattliche Zuwächse, wenn sein Inhaber viel einnimmt und wenig ausgibt. Genauso ist es mit dem Energie-Konto: Überschüsse werden in Fett-Reserven „angelegt". Nicht nur Nahrungsmittel können deshalb Dickmacher sein, sondern auch Bewegungsmangel. Wer läuft mit seinem Hund schon täglich anderthalb bis drei Stunden flott durch die Natur? Nebenbei: Wer, gleich ob als Zwei- oder Vierbeiner, tatsächlich die Zeit hat solch ein Laufprogramm jeden Tag zu absolvieren, kennt Figurprobleme allenfalls vom Hörensagen.

TIPP
WIEGEN LERNEN

Es kann ein wenig dauern, bis Ihr großer Hund sich ruhig auf die Waage stellt. Bis dahin heißt es üben, üben, üben! Erfolge dürfen Sie mit einem (kalorienarmen!) Leckerli belohnen (→ Seite 29). Falls es jedoch gar nicht geht: Wiegen beim Tierarzt ist kostenlos!

Stadthunde haben es besonders schwer. Die meisten Wohnungen sind eher klein, oft steht nicht einmal ein Balkon, geschweige denn ein Garten zur Verfügung. Was noch schwerer wiegt: Es mangelt an geeignetem Laufgelände in der näheren Umgebung. Einem Hund genügt es nicht, nur das Gartenrevier zu durchstreifen. Aber wo kann er richtig laufen? Die meisten Grünflächen sind für Hunde verboten, Plätze und Wege asphaltiert oder betoniert, und auf Spazierwegen und im Park herrscht Leinenzwang. Von der einen obligatorischen Hundewiese abgesehen gibt es kaum Platz zum Toben und Sich-Verausgaben.

Zeitmangel

Der hektische Alltag fordert Herrchen oder Frauchen so sehr, dass für den Vierbeiner häufig wenig Zeit übrig bleibt. Zwei Mal kurz „Gassi“ gehen oder den Hund einfach mal schnell in den Garten „entlassen“, das war's oft schon. Das Sportprogramm bleibt auf der Strecke – und nicht nur der Hund wird rund.

Bequemlichkeit

Wie so oft liegt auch hier das Versäumnis bei Herrchen bzw. Frauchen und nicht beim Hund. Er begrüßt uns wie jeden Tag mit wedelndem Schwanz und voller Tatendrang. Doch es war ein harter Tag, man hat zu nichts mehr Lust, will nur noch die Füße hochlegen und das Wetter ist auch miserabel – also ab aufs Sofa, vielleicht sogar mit Hund. Und weil man ihn ja lieb hat und spürt, dass man ihm etwas schuldig geblieben ist, bekommt er noch ein paar Leckerchen … Ganz schlecht: Mit zunehmendem Gewicht verliert der Hund Aktiviät und Beweglichkeit – was bleibt ist der Frustfraß. Und noch mehr Pfunde auf dem Buckel …

TIPP

DER WIEGE-TRICK

Kleine und mittlere Hunde lassen sich folgendermaßen wiegen: Stellen Sie sich zuerst auf die Waage und notieren Sie das Ergebnis. Nehmen Sie dann den Hund auf den Arm und steigen Sie mit ihm zusammen auf die Waage. Ziehen Sie Ihr Gewicht vom zweiten Ergebnis ab und schon haben Sie das Gewicht Ihres Lieblings.

Wie rund ist denn noch gesund?

Für die Vertreter der unterschiedlichen Rassen ist – abhängig von Körpergröße und Gestalt – ein Optimalgewicht festgelegt (→ Tabelle, Seite 10). Bei Mischlingen muss man im Vergleich mit ähnlichen Rassen schätzen. Was bis zu 10 Prozent darüber liegt, dürfen Herrchen und Frauchen noch tolerieren – vorausgesetzt, es wird nicht mehr. Im Klartext heißt das: Auch hier die Fütterungsgewohnheiten ändern! Bei 15 Prozent Übergewicht kann es schon kritisch werden, und ab 20 Prozent gibt's nur noch eins: Abspecken!

Gesundheitsrisiko Übergewicht

Dicke Hunde tragen schwer an ihrer Last. Sie sind deshalb oft reizbar, bewegen sich schwerfällig, ermüden schnell und liegen beim schönsten Sommerwetter japsend in der Ecke. Vor allem aber schleppen sie ein Gesundheitsrisiko mit sich herum. Massives Übergewicht schwächt das Immunsystem und belastet viele Organe.

Allein mit Herrchens Abendbrot – das geht garantiert auf die Figur!

Übergewicht macht den Hund anfällig für unterschiedliche Leiden wie

- Infektionskrankheiten und Krebs,
- Hautkrankheiten und Allergien,
- Herzkreislauferkrankungen,
- Atembeschwerden,
- Lungenkrankheiten,
- Erkrankungen der Stoffwechselorgane wie zum Beispiel Diabetes, Leberleiden, Bauchspeicheldrüsenentzündung und Verdauungsstörungen,
- Erkrankungen des Bewegungsapparats wie Arthritis, Hüftgelenksdysplasie, Rücken- oder Wirbelsäulenkrankheiten, Bänderrisse und andere Gelenkprobleme.

Je dicker der Hund, desto größer ist die Wahrscheinlichkeit, dass er irgendwann eine Operation benötigt. Wegen der Herzkreislaufbelastung hat er dann auch noch ein höheres Narkoserisiko.

Fazit: Weniger ist mehr! Weniger Gewicht bedeutet mehr Fitness, mehr Gesundheit, ein ansprechendes Erscheinungsbild und letztlich auch eine höhere Lebenserwartung – von einem kräftigen Zuwachs an Lebensfreude ganz zu schweigen.

Es ist soweit: Der Speck muss weg!

Das Ziel ist klar: Ihr Hund soll leichter werden. Aber den Weg dorthin wollen Sie weder sich noch ihm mit Hungern schwer machen. Müssen Sie auch nicht! Viel wichtiger ist, dass Sie und Ihr Vierbeiner gemeinsam entdecken, was noch mehr Spaß ins Hundeleben bringt – und zwar kalorienfrei!

Wie wird mein Hund schlanker?

Ja, Ihr Hund will fressen. Und wenn's irgendwie geht auch gern eine ganze Menge auf einmal, nicht einen kleinen Bissen hier und ein Mäulchen voll dort wie seine Kollegen von der Samtpfoten-Fraktion. Jeder verzehrte Happen schürt die Sehnsucht auf einen neuen – schon der verlangende Blick zeigt es überdeutlich. Uns Menschen verleitet das zu einem großen Irrtum: „Hunde wollen nur das eine.“ Und weil wir dem Liebling ja gern etwas Gutes tun wollen, geben wir ihm halt dann auch noch den nächsten Happen.

Brechen Sie aus diesem Schema aus! Denn eines will Ihr Hund ganz bestimmt nicht: zur unbeweglichen, unglücklichen Tonne auf vier Beinen werden.

Zuwendung statt Kalorien

Es gibt etwas, das Ihrem Hund viel mehr Spaß macht als jedes noch so köstliche Leckerli: Das Zusammensein mit Ihnen. Gemeinsam die Welt erobern oder zumindest mit Ihnen an seiner Seite neue Spazierwege kennen lernen, neue Eindrücke gewinnen, neue Düfte erschnuppern. Er will mit Ihnen auf die Jagd gehen – und wenn die „Beute“

nur der mitgenommene Ball oder ein Stöckchen zum Apportieren ist. Er will mit Artgenossen spielen, aber jederzeit zu Ihnen laufen können und sich versichern lassen: „Du bist doch der Beste!" Er will mit Ihnen sportlich aktiv sein, spielen und auch mal um eine Spielbeute „kämpfen" – selbstverständlich nach Ihren Regeln. Unter der Last einer Speckschicht geraten diese elementaren Hundefreuden nur zu oft in Vergessenheit. Armer Hund! Zum Glück können Sie eine Menge dagegen tun.

Spielzeug statt Leckerli

Sie müssen nicht immer ein Leckerli aus dem Hut zaubern, damit Ihr Hund sich so richtig freut. Bringen Sie ihm das nächste Mal ein Spielzeug mit (→ Tipp, Seite 24). Solche Dinge sind nicht nur für den Augenblick nützlich – sie lassen sich auch als „Beute" ins Bewegungsprogramm einbauen (→ Seite 34/35). Und sie landen – im Gegensatz zu kalorienreichen Leckerlis – eben am Ende nicht auf der Figur.

Kleine Sünden korrigieren

Wenn auf den Rippen schon das eine oder andere Gramm zu viel gelandet ist, lässt sich manchmal die Ursache noch ganz leicht ausmachen: Sie hatten vielleicht gerade eine Grippe oder waren so tief in andere Pflichten verstrickt, dass Sie für ein, zwei Wochen kaum aus dem Haus gekommen sind, schon

Das Leben ist schön! Aber es könnte gern ein paar Kilo leichter sein.

gar nicht zu den sonst üblichen langen Spaziergängen. Ihren Hund haben Sie jedoch weiter gefüttert wie sonst auch, und jetzt „sieht man halt, wo das Futter geblieben ist." In solchen Fällen dürfen Sie Ihren Liebling ruhig ein bis zwei Tage lang auf absolute Schmalkost setzen – ihm beispielsweise nur in Brühe gekochten Reis geben, eventuell auch ein paar Möhren. Daneben sollten Sie das Laufprogramm sofort wieder aufnehmen und sogar intensivieren, wenn Sie wieder fit sind und Zeit für ihn haben.

Für die Zukunft gilt dann die Faustregel: In „faulen“ Phasen die Futterration um etwa 10 Prozent kürzen, damit sich Speckröllchen erst gar nicht festsetzen. Ein schlechtes Gewissen müssen Sie deshalb nicht haben, denn Ihr Hund verbraucht jetzt – wenn auch ungewollt – weniger Kalorien.

TIPP

MOGEL-SNACKS

Leckerli-Verbot und Sie wollen nicht auf Belohnungshäppchen verzichten, weil Ihr „armer“ Hund gar so traurig schaut? Zweigen Sie von der täglichen Trockenfutter-Ration 5 bis 10 Prozent ab. Die dürfen Sie dann peu à peu verfüttern, und der Hund freut sich.

Vollendete Tatsachen

Meistens aber sitzt der Speck schon fest, wenn wir das Problem endlich erkennen. Und nun? Vergessen Sie Blitzdiäten, Wunderpillen und „FdH“ (Friss die Hälfte) – all jene Methoden, mit denen wohl fast jeder von uns selbst schon mal seine mehr oder weniger guten Erfahrungen gemacht hat. Vergessen Sie für die nächsten paar Tage sogar jede Art von Schlankheitskur und füttern Sie weiter wie bisher. Das „Speck-weg-Programm“ geht trotzdem sofort los.

Verbündete gewinnen

Der erste Schritt: Leisten Sie Überzeugungsarbeit bei allen, die auf irgendeine Weise mit Ihrem Hund zu tun haben und ihm das eine oder andere Häppchen zustecken könnten. Wenn Partner, Kinder, Mitbewohner, Gelegenheitsbetreuer, nette Nachbarn und andere mögliche „Futterspender“ Ihre Bemühungen um die schlanke Linie unterstützen, sind die Erfolgsaussichten viel größer.

„Buchführung“ lohnt sich

Der zweite Schritt ist ein bisschen lästig, aber ein unübertrefflicher Augenöffner: Besorgen Sie sich ein Notizbuch und notieren Sie zunächst einmal das aktuelle Gewicht Ihres Hundes (→ Tipps, Seite 11, 12).

Tragen Sie außerdem von jetzt an mit Datum und Tageszeit alles ein, was Sie ihm zu fressen geben, von den regulären Mahlzeiten bis zum „Happen zwischendurch" – und vergessen Sie auch nicht das Schinkenbrot, das Sie sich mit ihm teilen. Notieren Sie ebenfalls, was er von anderen bekommt (→ Verbündete gewinnen, Seite 17). Jeder Bissen und jedes Bisschen zählt. Schon nach ein bis zwei Wochen sehen Sie dann Schwarz auf Weiß,

- was jeden Tag an Häppchen und Leckerli zusammen kommt,
- um wie viel die Futtermenge den tatsächlichen Tagesbedarf überschreitet (→ Tabelle, Seite 10),
- ob und wann Futter als Zuwendungsersatz herhalten muss,
- welche „Dickmacher" vom Menschentisch ihren Weg in den Hundemagen finden.

Damit sind die wichtigsten „Fettnäpfchen" erkannt und können eigentlich aus dem Weg geräumt werden. Das bannt schon einmal die Gefahr, dass Ihr Hund noch mehr außer Form gerät.

INFO

NICHT ÜBERFORDERN

- Ihr Dicker muss sich erst langsam warm laufen, Beschleunigung „von 0 auf 100" überlastet sein Herz.
- Sprünge und abrupte Bewegungen sind Gift für die belasteten Gelenke, auch die Wirbelsäule leidet enorm.
- Treppensteigen belastet vor allem Hunde mit langem Rückgrat und kurzen Beinen wie etwa Dackel oder auch Beagle – ein Bandscheibenschaden droht.
- Langstreckenläufe, zum Beispiel neben dem Fahrrad oder als Begleiter beim Joggen, sind für ältere Semester und kleine Hunde zu anstrengend: Tempo deshalb drosseln und genügend Pausen einlegen!

Hinweis: Sind Sie unsicher, was Sie Ihrem Vierbeiner tatsächlich an sportlichen Aktivitäten zumuten können? Dann scheuen Sie nicht den Gang zum Tierarzt: Lassen Sie einen gründlichen Gesundheits-Check bei Ihrem Hund vornehmen.

Alles unter Kontrolle

Legen Sie das Futter-Tagebuch nicht gleich beiseite, denn es wird noch gebraucht – auch wenn Sie nicht mehr jeden Bissen akribisch notieren müssen. Wiegen Sie Ihren Hund von jetzt an einmal pro Woche und tragen Sie Gewicht und Datum in das Notizbuch ein. So haben Sie die Entwicklung jederzeit unter Kontrolle.

Friss das Richtige (FdR) statt FdH

Hat der Speck sich erst mal festgesetzt, kommen Sie allein mit Bedarfsanpassung und mehr Bewegung nicht weiter. Mit dem guten alten „FdH" (Friss die Hälfte) übrigens auch nicht – erstens können Sie so nicht sicher sein, dass Ihr Hund alle wichtigen Nähr- und Wirkstoffe in ausreichender Menge erhält. Zweitens würde sich seine Bettelei (→ Seite 26) ins Unerträgliche steigern. Die Devise für Ihren Dicken muss also FdR heißen – „Friss das Richtige" statt FdH. Bei nur leichtem Übergewicht reicht es oft schon, auf „Light"-Futter umzusteigen. Für die „schwereren Fälle" empfiehlt sich ein Diätfutter, das alle Nährstoffe in einem ausgewogenen Verhältnis enthält, einen geringen Fett- und Energiegehalt aber einen hohen Anteil an Rohfasern hat. Solche Kost finden Sie nicht im Supermarkt, sondern im Zoofachhandel oder beim Tierarzt.

Was das Etikett verrät

Studieren geht vor Probieren: Lesen Sie, was auf der Packung beziehungsweise auf dem Dosenetikett steht, bevor Sie ein neues Futter kaufen. Das ist bei der Fülle von Kleingedrucktem mühsam und ohne Lesebrille oft unmöglich, beantwortet aber wichtige Fragen zur Qualität:

Wer steht für die Qualität des Futters ein? Bei Formulierungen wie „Hergestellt für …" oder „Vertrieb durch" ist das nicht sicher. Name und Anschrift des Herstellers sollten also unbedingt aufgeführt sein.

Ist es das richtige Futter? Wenn das Futter für den angepeilten Zweck geeignet und alles drin ist, was Bello braucht, steht „Alleinfuttermittel für Hunde" auf dem Etikett und bei Light-Futter zum Beispiel „für Hunde, die zu Übergewicht neigen" oder „für weniger aktive Hunde". Gehört Ihr Hund zu den älteren Semestern, achten Sie auf Vermerke

> **INFO**
>
> **ANTI-FETT-PILLE**
>
> **Diese Pille unterstützt die Diät. Die Tablette soll Fett im Darm binden, sodass es unverdaut ausgeschieden wird. Solche Medikamente gibt es auch für übergewichtige Menschen. Für Hunde ab 20 Prozent Übergewicht kann die Pille vom Tierarzt verschrieben werden.**

wie „Senior light“ oder „für Hundesenioren“. Spezielles Diätfutter schließlich ist als „Low Calorie Diet für übergewichtige Hunde“ gekennzeichnet, als „Reduktionsdiät für Hunde“ oder als „Rezeptur mit reduziertem Energiegehalt“.

Ist das Futter hochwertig? Das lässt sich an der Rubrik „Zusammensetzung“ ablesen. Dort sind die Zutaten in absteigender Reihenfolge ihres Gewichtsanteils aufgelistet. Gute Zeichen: Die Zutaten sind einzeln aufgeführt, eine Fleischsorte steht an erster Stelle, die ominösen „tierischen und pflanzlichen Nebenerzeugnisse“ tauchen gar nicht erst auf. Hinter solchen Sammelbegriffen können sich zwar durchaus wertvolle Zutaten wie beispielsweise Leber verbergen, aber eben auch schwer verdauliche Schlachtabfälle und stärkehaltige Dickmacher.

Wie viel Fett steckt drin? Grobe Richtschnur: Der Fettgehalt von „leichtem“ Nassfutter beträgt laut Etikett durchschnittlich 3 bis 5 Prozent, bei Trockenfutter 8 bis 10 Prozent. Sie finden die Angaben in der Rubrik Inhaltsstoffe unter dem Stichwort „Rohfett“. Die Rubrik zeigt außerdem den durchschnittlichen Gehalt des Futters an Rohprotein, Rohfaser, Rohasche (Mineralstoffe) und Feuchtigkeit an. Diätfutter enthält aus gutem Grund viel mehr unverdauliche Rohfasern als Standard- oder Light-Futter: Sie zögern erneutes Hungergefühl hinaus und halten den Darm in Schwung – das A & O bei einer Schlankheitskur.

Was ist noch drin? Ob das Futter Farb- und Konservierungsstoffe enthält, welche Vitamine, Spurenelemente oder sonstigen Nähr- und Wirkstoffe zusätzlich beigegeben sind, steht in der Liste der „Zusatzstoffe“. Damit das enthaltene Fett nicht ranzig wird, müssen Antioxidantien zugesetzt werden – besser als chemische Stoffe sind die Vitamine C und E. Einige Hersteller setzen L-Carnitin zu, eine Aminosäure, die u. a. die Fettverbrennung ankurbeln soll.

Wie fit ist Ihr Hund?

DER KONDITIONS-TEST

Gewicht verlieren ist gut, Beweglichkeit und Fitness gewinnen ist (noch) besser Ob Ihr Dicker erfolgreich abspeckt, können Sie leicht beim wöchentlichen Wiegen feststellen. Wie seine Fortschritte in Sachen Fitness aussehen, überprüfen Sie am besten von Zeit zu Zeit anhand dieses Tests.

➤ Mein Hund freut sich schon auf sein Training.
Ja ☐ Nein ☐

➤ Nach einer Viertelstunde „Sport“ will er gern weitermachen.
Ja ☐ Nein ☐

➤ Er läuft schon viel müheloser als früher.
Ja ☐ Nein ☐

➤ Er wirkt enttäuscht, wenn ich mal wenig Zeit fürs Training habe.
Ja ☐ Nein ☐

➤ Er ist viel munterer und lebhafter als früher.
Ja ☐ Nein ☐

➤ Er ist schon viel wendiger geworden.
Ja ☐ Nein ☐

➤ Er fordert mich häufiger zum Spielen auf.
Ja ☐ Nein ☐

➤ Er hat Spaß am Spiel mit Artgenossen. Er tobt ausdauernd mit ihnen.
Ja ☐ Nein ☐

➤ Er bettelt jetzt viel weniger als früher.
Ja ☐ Nein ☐

➤ Er will nun auch gern bei Wind und Wetter nach draußen.
Ja ☐ Nein ☐

➤ Sein Fell glänzt und ist prima in Schuss.
Ja ☐ Nein ☐

➤ Er hat entschieden mehr Ausdauer.
Ja ☐ Nein ☐

➤ Manche Spiele begeistern ihn total.
Ja ☐ Nein ☐

➤ Seine Beschwerden sind weniger geworden.
Ja ☐ Nein ☐

➤ Er freut sich, wenn ich nach der Leine greife.
Ja ☐ Nein ☐

➤ Auch andere bemerken, dass er sich positiv verändert hat.
Ja ☐ Nein ☐

Keine Sorge, wenn Sie bisher noch nicht sehr viele Fragen mit einem klaren „Ja“ beantworten konnten. Gehen Sie die Testfragen in ein paar Wochen noch einmal durch. Sie werden sehen: Es geht voran!

Wie viel soll ich füttern?

Wie viele Kalorien das Futter enthält, teilt kaum ein Hersteller mit. Orientieren Sie sich an der „Fütterungsempfehlung" auf Packung oder Dose und passen Sie die Menge an Gewicht und Aktivität Ihres Hundes an.

Nass oder Trocken?

Ob Dosen- oder Trockenfutter – beides hat seine Vor- und Nachteile. Dosenfutter schmeckt unseren Vierbeinern im Allgemeinen besser, braucht keinerlei Konservierungszusätze und deckt einen Teil des Wasserbedarfs. Trockenfutter reduziert Zahnbeläge, wenigstens teilweise und ist für uns Menschen bequemer zu handhaben. Außerdem sind Trockenfutterverpackungen umweltfreundlicher. Bei vorwiegender Fütterung

Ein schöner Rücken kann entzücken – ein schlanker Rücken noch mehr.

mit Trockenfutter muss der Hund dann allerdings mehr Wasser aufnehmen. Von dem kühlen Nass sollte er ohnehin immer reichlich zur Verfügung haben – auch wenn das für Sie beide noch einen „Gassigang" mehr zur Folge hat. Von beiden Futterarten gibt es im Handel Light- und Diätversionen. Am besten machen Sie einen Kompromiss: Geben Sie die Hälfte des Bedarfs als Nass- und die andere Hälfte als Trockenfutter. Die Trockenfutterportion ist groß genug, dass Sie davon zur Not auch noch ein paar „Mogel-Snacks" abzweigen können (→ Tipp, Seite 17).

TIPP

PFUNDE VERLIEREN – PREISE GEWINNEN

Der eine verliert endlich seine überflüssigen Pfunde, der andere kann attraktive Preise wie etwa Reise- oder Einkaufsgutscheine gewinnen: Bestimmte Diätfuttermittel-Hersteller (z. B. Hill oder Waltham) veranstalten von Zeit zu Zeit in Zusammenarbeit mit den Tierarzt-Praxen Wettbewerbe um den erfolgreichsten vierbeinigen „Abnehmer". Fragen Sie doch mal nach.

Tipps für Selbstversorger

Wer gut über den speziellen Ernährungsbedarf von Hunden Bescheid weiß, kann Futter auch selbst zubereiten. Es ist allerdings nicht ganz einfach sicherzustellen, dass der Vierbeiner alle lebensnotwendigen Nähr- und Wirkstoffe im richtigen Verhältnis zueinander bekommt und dabei auch noch abnehmen kann. Wichtig:

- Jede Mahlzeit sollte sich aus mehreren Bestandteilen zuammensetzen, zum Beispiel Fleisch, Fisch, Eier oder Quark beziehungsweise Hüttenkäse als Eiweiß- und Fettkomponente, Reis, Kartoffeln oder Haferflocken als Kohlenhydratanteil, faserreiche Gemüse wie Möhren, Brokkoli, Zucchini, Soja- oder Alfalfa-Sprossen als Ballaststoffe. Die meisten Zutaten müssen gegart werden, geraspelte Möhren, klein geschnittene Salatblätter oder Kräuter wie Petersilie, Kresse oder Minze können Sie in kleineren Mengen auch roh unters Futter mischen. Die Schalen gekochter Eier sind, fein zerrieben oder gemahlen unters Futter gemischt, eine gute Kalziumquelle.
- Lauch, Kohl und Hülsenfrüchte können Blähungen verursachen und sollten sich deshalb rar machen auf dem Speisezettel.
- Knoblauch und Zwiebeln haben in der Hundeküche gar nichts zu suchen: Sie blähen nicht nur, sondern können auch zu Blutarmut führen.
- Herz ist besonders fettarm und eignet sich deshalb sehr gut für die Schlankheitsküche. Auch Lunge, Milz und Euter enthal-

ten wenig Fett, sind aber wegen ihres hohen Bindegewebsanteils schwer verdaulich und sollten deshalb nur gelegentlich verfüttert werden. Pansen, Blättermagen & Co. kommen den Anforderungen an „Vollwertkost" für Hunde schon sehr nahe, es ist aber nur zu verständlich, dass ihre Zubereitung dem „Küchenchef" sehr schnell stinkt.

- Mahlzeiten mit wenig Fett und vielen Ballaststoffen sollten Sie pro Tagesration je nach Gewicht und Größe Ihres Hundes je ein Teelöffel bis ein Esslöffel Sonnenblumen-, Distel-, Maiskeim- oder Traubenkernöl zusetzen, um die Versorgung mit der lebenswichtigen Linolsäure zu gewährleisten.
- Sprechen Sie Vitamin- oder Mineralstoffzugaben lieber mit dem Tierarzt ab, statt selbst zu experimentieren: Sowohl Mangel als auch Überschuss sind gefährlich für die Gesundheit Ihres Hundes.

Am sichersten fahren Sie, wenn Sie als Ernährungsgrundlage ein gutes Light- oder Diät-Fertigfutter verwenden und nur ab und zu Selbstgekochtes servieren (→ Seite 29).

Spezialist für schwere Fälle

Die ganz „dicken Hunde" brauchen strengere Diät und Hilfe vom Spezialisten: Ihrem Tierarzt. Ihr Dicker kann nur gewinnen, wenn er die Wampe verliert: Gesundheit, Lebensfreude, Beweglichkeit und höchstwahrscheinlich auch ein längeres Leben. Dass die Kur ihn auch hübscher macht, ist zwar nur am Rande wichtig, aber auch nicht zu verachten. Also: Auf zum Tierarzt! Der klärt ab, ob der Hund abgesehen von seinem Übergewicht gesund ist, berechnet sein Optimalgewicht – das Ziel, das es zu erreichen gilt – und stellt gemeinsam mit Ihnen das Programm zum Abnehmen auf. Dazu gehören vor allem:

- Abschätzen der Zeit, bis das Zielgewicht erreicht ist. Rechnen Sie mit mindestens 12 bis 14 Wochen.
- Umstellung auf ein Diätfutter, das alle Nährstoffe im ausgewogenen Verhältnis enthält, aber 30 bis 40 Prozent weniger Kalorien

TIPP
NEUES SPIELZEUG

„Igel"– Vinylbälle oder Spielzeug mit jeder Menge Noppen: Daran hat Ihr Dicker ganz schön zu knabbern und begeht trotzdem keine Nasch-Sünde. Nebeneffekt: Gute Zahnpflege!
Quietschies: Spielzeuge aus Gummi, Vinyl oder Plüsch, die beim Draufbeißen allerlei Töne von sich geben. Das ist wie Beute für Bello ...
Bälle aus Gummi, Kautschuk oder Vinyl, mit oder ohne Schlaufe: gut zum Apportieren und auch zum Beknabbern.
Zerrspielzeug: Taue mit Knoten, Vinyl- oder Vollgummiringe. Prima zum spielerischen Kräftemessen (vielleicht mit Ihnen?) und Apportieren.

als die bisher gefütterte Nahrung. Der hohe Rohfaseranteil (über 15 Prozent) sorgt für Sättigung und fördert die Verdauung.

➤ Festlegen der Tagesration. Der Tierarzt berechnet sie so, dass der Hund pro Woche zwei bis drei Prozent abnehmen wird – vorausgesetzt, Sie halten sich tatsächlich genau an die verordnete Menge.

➤ Striktes Häppchen-Verbot. Während der Kur gibt es nur Diätfutter und sonst nichts, auch wenn's vor allem Ihnen schwer fällt.

➤ Anlegen einer Gewichtskurve, um den Fortschritt vom Startgewicht zum Zielgewicht sichtbar zu machen.

➤ Bewegungsprogramm (→ Seiten 34/35 und 44/45). Zweimal 15 Minuten täglich zusätzlich zum normalen Gassigehen sind das Minimum und auch dem bequemsten Sofahund zuzumuten.

➤ Erfolgskontrolle. Mindestens alle zwei Wochen geht's zur Untersuchung und zum Wiegen in die Praxis. Mögliche Mängel lassen sich so schnell erkennen und beheben – und der „innere Schweinehund" wird in Schach gehalten. Der versucht nämlich garantiert, Sie zum heimlichen Häppchen-Füttern zu verführen. Tun Sie's nicht: Die Untersuchungen bringen alles ans Licht und Sie stehen dumm da.

➤ Nachkontrolle, um nach erfolgreichem Abspecken Rückfälle zu vermeiden.

Umgewöhnung Schritt für Schritt

Auf eine abrupte Futterumstellung reagiert mancher Hund mit massiven Verdauungsproblemen. Um dem vorzubeugen gehen Sie besser in Etappen vor:

Erster Schritt

Ersetzen Sie 25 Prozent des gewohnten Futters durch das neue und vermischen Sie beides sehr gründlich. Wenn Ihr Hund die Mischung problemlos akzeptiert, gehen Sie nach zwei bis drei Tagen zur nächsten Etappe über.

Zweiter Schritt

Bieten Sie eine Mischung von 50 Prozent neuem und 50 Prozent gewohntem Futter an. Warten Sie wiederum zwei bis drei Tage ab, bevor Sie Ihrem Vierbeiner die nächste Mischung anbieten.

Dritter Schritt

Die neue Mischung besteht aus 75 % neuem und 25 % gewohntem Futter. Nach weiteren zwei oder drei Tagen können Sie dann völlig zum neuen Futter übergehen.
Meist klappt die Umstellung problemlos. Allenfalls kann es sein, dass Sie ein paar kleinere Zwischenschritte einlegen müssen. Vor allem, wenn vierbeinige Spezialisten ungeliebte Trockenfutter-Bröckchen regelrecht „aussortieren". Nur nicht aufgeben – Geduld und Ausdauer zahlen sich am Ende aus.

„Ach, ich armer Hund …"

Ausdauer brauchen Sie allerdings eine ganze Menge, denn keiner wird Ihre guten Vorsätze so hartnäckig auf die Probe stellen, wie Ihr Hund selbst. Schließlich verfügt er über eine beträchtliche Portion Schauspieltalent. Vor allem die Glanznummer „Ich armer Hund bin kurz vor dem Verhungern" überzeugt immer wieder, obwohl die „Hundetaille" eine ganz andere Sprache spricht. Können diese treuen Augen denn wirklich lügen? Sie können – ebenso wie das jämmerliche Fiepen oder Seufzen und die flehende Pfote. Leider ändert die Erkenntnis wenig daran, dass man sich ganz furchtbar hartherzig vorkommt, wenn man die geliebten Leckerlis verweigert. Ertragen Sie das Gefühl – Ihrem Hund zuliebe. Und halten Sie ihn nach Möglichkeit aus Küche und Esszimmer fern, von den Futternäpfen eventueller vierbeiniger Mitbewohner sowieso. Es schadet übrigens nichts, wenn Sie in Gesellschaft Ihres Hundes auf die üblichen Knabbereien – Kräcker, Kekse & Co. – verzichten. Schließlich hat der Ärmste mit den gleichen Schwierigkeiten zu kämpfen wie ein Mensch, der sich gerade das Rauchen abgewöhnt. Wer es gut meint mit seinem Hund, heizt den Heißhunger nicht noch an.

Trostpflaster

Was aber tun, wenn der Bettelblick mal wieder mitten ins Herz trifft? Damit der Ärmste nicht einfach vor sich hin leidet, lenken Sie ihn am besten ab. Gönnen Sie ihm zum

INFO

LANGSAM ABNEHMEN

Langsam abnehmen ist besser für die Gesundheit Ihres Vierbeiners. Nulldiät ist selbst unter Klinikaufsicht für Hunde nicht zu empfehlen. Die Vierbeiner nehmen zwar in den ersten Wochen schneller ab, aber sie verlieren hauptsächlich Wasser. Sobald sie wieder Nahrung aufnehmen, wird der Verlust ausgeglichen und das Gewicht steigt wieder. Lassen Sie Ihren Hund also lieber nicht fasten!

1 Sportliche Übungen machen Spaziergänge in der Natur für Hund und Mensch noch interessanter. Balancieren über Baumstämme zum Beispiel verbessert Geschicklichkeit und Koordination – nicht nur beim Vierbeiner!

2 Toben und springen macht jedem Hund Spaß – wenn er fit ist. Bei mittelgroßen und großen Hunden gilt jedoch: Den Ball lieber flach halten, sonst leiden die Gelenke.

Beispiel eine Bürstenmassage – selbst kurzhaarige Hunde genießen das. Oder nehmen Sie sich einfach Zeit für ausgiebiges Kraulen, Klopfen und Streicheln. Und wie wär's mit einem Spiel zu zweit? Wenn Sie das „Gassiprogramm" schon absolviert haben, müssen Sie dafür nicht mal die Wohnung verlassen. Bestimmt finden sich irgendwo ein paar alte Wollstrumpfhosen oder ausrangierte Handtücher, mit denen sich wunderbar „Tauziehen" spielen lässt, oder Sie holen etwas Passendes aus seiner Spielzeugkiste.
Apportier- und Suchspiele sind ebenfalls drinnen möglich, freilich kann es dabei nicht ganz so ausgelassen und ekstatisch zugehen wie draußen. Weitere Anregungen finden Sie auf den Seiten 44 und 45. Ganz wichtig: Loben Sie Ihren Spielpartner! Immer wieder und durchaus mit Überschwang. Darüber kann „Hund" glatt das Betteln vergessen …

Neue Mahlzeiten

Wahrscheinlich füttern Sie Ihren Dicken ein oder zwei Mal am Tag, wie es eben so üblich ist. Verteilen Sie die tägliche Futterration künftig besser auf vier kleinere Mahlzeiten.

Sie machen sich damit ein physikalisches Gesetz zunutze: Jede Mahlzeit führt dem Körper nicht nur Energie zu, Fressen und Verdauen kosten auch Energie. Bekommt Ihr Hund nur einmal am Tag Futter, so erhöht sich seine Sauerstoffaufnahme zur Energieverbrennung um etwa 15 Prozent. Bei vier Portionen am Tag dagegen wird das Feuer mit 30 Prozent Sauerstoff angefacht – viele kleine Mahlzeiten verbrauchen also mehr Energie als eine oder zwei größere.

Der „bewegte" Hund

Wer in Bewegung bleibt, kriegt so schnell keine Figurprobleme, denn jede körperliche Betätigung verbraucht Energie. Regelmäßige Bewegung kurbelt darüber hinaus auch den Ruhestoffwechsel an: Wer aktiv ist, wird auch beim Nichtstun mehr Kalorien los als ein durchgehend träger Zeitgenosse. Was für uns Menschen gilt, lässt sich mühelos auf unsere Vierbeiner übertragen. Kein Wunder übrigens, dass Hund und Herrchen (oder Frauchen) da oft mit ganz ähnlichen Problemen zu kämpfen haben.

Dicke Hunde sind in aller Regel träge Hunde. Nicht etwa aus „angeborener" Faulheit, sondern weil jede flotte Bewegung sie dreimal so viel Anstrengung kostet wie ihre schlankeren Artgenossen: So sehr behindert sie ihr Speckmantel. Den allerdings können sie nicht erfolgreich und auf Dauer loswerden, wenn sie sich nicht doch zu mehr Bewegung bequemen. Was für ein Dilemma! Zum Glück aber durchaus kein unlösbares Problem.

Bewegungsfreude wieder wecken

Bringen Sie Ihren Dicken wieder in Bewegung – und sich selbst gleich mit! Brechen Sie nichts übers Knie: Für den Anfang genügt es, wenn Sie zwei Ihrer gemeinsamen „Gassigänge" um jeweils eine Viertelstunde ausdehnen. Stecken Sie sich vorher ein paar „Mogel-Snacks" in die Tasche (→ Tipp, Seite 17). Schlagen Sie in den 15 Minuten ein etwas flotteres Lauftempo an, so schnell wie Ihr Hund es eben zulässt ohne zu japsen.

Gesunde Extras

FÜR DEN BESONDEREN GESCHMACK

Bei strikter Diät gibt's nur eines: diese Seite überblättern. Ist jedoch der „Ranzen" nicht ganz so schwer und sind die Vorschriften nicht gar so streng, darf es zu besonderen Gelegenheiten auch schon mal etwas aus der eigenen Küche sein – selbstverständlich mit „schlanken Zutaten".

KARTOFFELKÜCHLEIN „BÖSER WOLF"

(für Hunde bis 20 kg)

Zutaten: 200 g Hühner- oder Putenfleisch, 200 g gekochte Kartoffeln mit Schale, 1 Ei, 2 kleine Zucchini, geraspelt, 2 Essl. gehackte Petersilie.

Zubereitung: Kartoffeln, Ei und Petersilie im Mixer pürieren, Zucchini raspeln, Fleisch klein schneiden, alles vermischen. Aus der Masse flache Küchlein von 8 – 10 cm Durchmesser formen, auf ein mit Pflanzenöl gefettetes Backblech setzen und im Backofen (Umluft) bei 150° backen, bis sie goldbraun sind.

KLOPS À LA MOPS

(für kleine Hunde bis 10 kg)

Zutaten: 80 g Rinder- oder Lammhack, 1 Tasse gekochten Vollreis, 2 kleine Zucchini, geraspelt, 1 Ei.

Zubereitung: Alles gründlich miteinander vermischen, 1 Ei darüber geben, nochmals alles verkneten, in eine feuerfeste Form füllen, etwas Maiskeim- oder Distelöl darüber geben und im Backofen bei ca. 200° ca. 20 bis 30 Min. backen.

Variation: Statt Hackfleisch können Sie auch durch den Fleischwolf gedrehte Leber, Geflügelfleisch oder Fisch verwenden.

HIRTENTOPF „LASSIE"

(für große Hunde ab 40 kg)

Zutaten: 300 g Kartoffelpüree oder gekochter Reis, 2 Eier, 250 g gedünstetes Gemüse, zum Beispiel Zucchini, Mangold, Möhren, fein geschnitten oder geraspelt, 3 Essl. Pflanzenöl, 200 g Magerquark oder Hüttenkäse, 3 Essl. Dill oder Petersilie.

Zubereitung: Püree oder Reis auf kleinster Flamme weiter köcheln lassen, Eier dazugeben, unter Rühren stocken lassen. Topf von der Kochstelle nehmen und die übrigen Zutaten vorsichtig unterrühren.

Variation: Statt Magerquark können Sie auch 200 g in wenig Wasser gedünstetes Fleisch (Rind, Pute, Huhn oder Lamm) zugeben.

Hinweis: Selbstverständlich lässt sich jedes der Rezepte für Ihren Hund anpassen: Verringern oder erhöhen Sie einfach die Menge der angegebenen Zutaten je nach Größe Ihres Vierbeiners. Salz nur sparsam zufügen – $1/5$ bis $1/3$ der für uns Menschen üblichen Menge genügt.

Loben Sie den Dicken, wenn er zu Ihnen aufschließt. Und beschließen Sie die Runde mit einer kleinen Belohnung. Jeden Tag darf dann ein bisschen mehr trainiert werden (→ Seit 34/35). Gehen Sie nicht nur „um den Block", sondern suchen Sie sich auch Flecken und Flächen aus, wo Sie beide mehr Bewegungsspielraum haben – zum Stöckchen werfen und wiederbringen, für andere Apportier- und Ballspiele oder auch zum Spiel mit anderen Hunden.

Mehr Leute, mehr Spaß

Beim Spaziergang kommen Sie ganz von selbst auch mit anderen Hundehaltern in Kontakt. Hunde sind schließlich von Natur aus gesellig, Hundehalter meist ebenfalls. Warum also nicht zu regelmäßigen Treffen verabreden, wenn die Zweibeiner nett sind und die Vierbeiner gut miteinander können? Da kommen mehr Spielideen zusammen, da gibt es mehr zu erschnuppern und zu erleben und da wird der „innere Schweinehund" gleich ausgetrickst: Es nieselt und man hat nicht so richtig Lust in den Park zu gehen, aber man ist ja verabredet … Glück gehabt, Bello!

TIPP

OBST UND GEMÜSE

Keine Regel ohne Ausnahme: Ein Stück Obst (ohne Stein), etwa ein Stück Apfel oder eine Aprikose, andere leckere Früchte oder eine Möhre, ein Stück Kohlrabi oder Sellerie darf auch ein dicker Hund als Snack nebenbei futtern, wenn er's mag. Aber bitte nicht ausgerechnet Bananen verfüttern! Die haben zu viele Kalorien.

Sie können sich Ihre Mitstreiter übrigens auch per Anzeige im Wochenblatt oder am Schwarzen Brett im Supermarkt suchen, beim Tierarzt nachfragen oder im Futtershop – fündig werden Sie bestimmt. Und wenn Ihr Hund erst mal ein bisschen Kondition gekriegt hat, haben Sie vielleicht auch Lust, bei den Hundesport-Vereinen (→ Adressen, Seite 47) nachzufragen. Da gibt's nämlich nicht nur Angebote für Ehrgeizige oder Fitness-Freaks, sondern auch gemütlich-gesellige Funsport-Varianten (→ Sport im Verein, Seite 39).

Immer mit der Ruhe!

Bis zum Sporteln im Verein kann es freilich noch ein weiter Weg sein. Bei unseren Dicken heißt die Devise: immer langsam voran, denn sie sollen ja die Freude an der Bewegung wieder finden und sich nicht quälen. Überanstrengung bringt gar nichts – auch nicht für die schlanke Linie. Fettverbrennung funktioniert am besten bei einem Ausdauertraining mit mäßiger Intensität. Wer selbst etwas für die Figur tut, weiß, worauf es ankommt: über längere Zeit flott gehen, joggen,

1 Auch das will gelernt sein: Die apportierte „Beute" auf Kommando abzugeben, das fällt natürlich jedem Hund zuerst einmal schwer. Geduld, wenn es am Anfang noch nicht so richtig klappt, und ein dickes Lob, wenn der Hund ganz allmählich begreift, was Frauchen (oder Herrchen) von ihm will.

1

2

2 Welcher Sport für welchen Hund? Für nicht „berufstätige" Jagdhunde bieten sich die so genannten jagdnahen Beschäftigungen an wie beispielsweise Fährtenarbeit oder Apportieren. Dabei kommt es nicht nur auf eine gute Nase oder schnelle und ausdauernde Bewegung an: Auch ruhig liegen bleiben und erst auf Frauchens Zuruf aktiv werden, will erst einmal gelernt sein.

Fahrrad fahren oder auf dem Ergometer strampeln, aber sich dabei bloß nicht so anstrengen, dass man außer Atem gerät, denn dann fehlt der nötige Sauerstoff für den Fettabbau. Lassen Sie Ihren Hund also nicht irgendwelchen Rekorden hinterher jagen, sondern allenfalls seiner Spielbeute.

Erfolg im Doppelpack

Weil wir gerade beim Thema sind: Möchten Sie vielleicht auch das eine oder andere Kilo verlieren und sind auf der Suche nach einem geeigneten Sportprogramm? Dann machen Sie doch gemeinsame Sache! Am besten geht das natürlich, wenn Ihr Hund schon ein bisschen abgenommen hat. Geeignete Sportarten sind:

➤ **Joggen.** Fangen Sie mit kurzen Strecken an und laufen Sie in flachem Gelände. Kleine, kurzbeinige Hunde und ältere Semester sollten ohnehin nur über kurze Strecken mitjoggen. Achten Sie auf die richtigen Laufschuhe und laufen Sie sich auf ein moderates Tempo ein.

➤ **Walken.** Das „schnelle Gehen“ ist für Gelenke und Bänder schonender als Joggen, und Ihr Hund kann auch besser mithalten.

➤ **Schwimmen.** Falls Ihr Hund nicht wasserscheu ist, die Schlankheitskur in die warme Jahreszeit fällt und Sie ein passendes, für Hunde erlaubtes Gewässer vor der Haustür haben, ist das die beste Wahl. Die meisten Hunde lieben das nasse Element und Schwimmen ist Balsam für Muskeln, Sehnen und Gelenke. Nehmen Sie schwimmfähiges Hundespielzeug mit! Und bitte nicht vergessen: Halsband sicherheitshalber beim Schwimmen abnehmen. Der Hund kann an Ästen und anderen Dingen, die unter Wasser treiben, hängen bleiben. Übrigens beim Schwimmen zwischendurch immer wieder zum Aufwärmen an Land gehen.

➤ **Fahrrad fahren.** Geradezu ein Klassiker der „Hunde-Bewegung“ ist das Laufen neben dem Rad. Das dürfen Sie Ihrem Hund allerdings erst zumuten, wenn er schon wirklich abgespeckt und Kondition gewonnen hat, sonst sind Gelenk- und Kreislaufprobleme vorprogrammiert. Im Übrigen

Geschicklichkeitsübungen machen Spaß und halten fit.

TIPP
GUTE UND SCHLECHTE ZEITEN

Gute Zeiten fürs Bewegungsprogramm: Frühmorgens vor der ersten Mahlzeit, in den Nachmittagsstunden, abends. Schlechte Zeiten: nach dem Futtern. Jetzt sind längere Verdauungspausen notwendig (bis zu drei Stunden). Gerade bei großen Hunden droht sonst eine Magendrehung. Auch während der warmen Jahreszeit in den Mittagsstunden ist kein günstiger Zeitpunkt für sportliche Aktivitäten. Die Hitze belastet den Kreislauf zu sehr.

müssen die Grundvorausetzungen stimmen: Er muss mindestens mittelgroß sein und mehr als nur „mittelfit". Und gut erzogen muss er natürlich auch sein, also ohne Probleme bei Fuß und an der Leine laufen und sich sicher im Verkehr bewegen. Kleine Hunde, ältere Herrschaften und nicht so lauffreudige Naturen dürfen Sie allenfalls auf ganz kurzen Strecken und in sehr gemäßigtem Tempo mitnehmen – oder im Lenkrad-Körbchen bzw. Fahrradanhänger. Und dann zur Hundewiese radeln …

➤ **Trimmpfad.** Wunderbar bei leichtem Nieselwetter, denn dann dürfte Ihnen der nächst gelegene Trimmpfad oder der Spazierweg in Wald und Feld nahezu allein gehören (dass Sie Ihren Hund trotzdem nicht unkontrolliert frei laufen lassen, versteht sich von selbst). Der Hundesport „Agility" (→ Seite 39) hat bei diesem Spiel Pate gestanden – hier eine ehrgeizfreie Variante. Laufen Sie mit Ihrem Hund Slalom um Baumstämme oder dirigieren Sie ihn entsprechend, lassen Sie ihn über liegende Baumstämme balancieren, vielleicht auch über vorhandene Trimmgeräte, über Hindernisse springen oder unter Hürden durchkriechen und loben Sie ihn tüchtig bei allem, was er richtig macht. Wenn Sie die Belohnungsdose dabei haben, darf's ruhig auch mal ein Leckerchen sein.

➤ **Fußball.** Dazu brauchen Sie einen großen, weichen Schaumstoffball, den Ihr Hund nicht ins Maul nehmen kann. Zuerst wird er trotzdem versuchen, ihn mit den Zähnen zu bearbeiten – ignorieren Sie das oder reden Sie es ihm mit einem „Pfui" aus. Bewegt er dagegen den Ball mit Körpereinsatz, ist großes Lob fällig. Übrigens: Nichts gegen Olli Kahn, aber als Torwart ist Ihr Hund auch nicht ohne. Doch das werden Sie schnell selbst feststellen. Probieren Sie's aus – mit ein bisschen Geduld und jeder Menge Lob. Genießen Sie den Spaß mit Ihrem Sportskameraden. Und denken Sie dran: Es geht wirklich nicht um Rekorde …

INFO

DER MIX MACHT'S

Um Fett zu verbrennen, muss Ihr Hund sich in flottem Tempo bewegen. Er braucht aber auch seine „Trödelphasen". Beginnen Sie deshalb mit dem üblichen, langsamen Gang um den Block oder durch vertrautes Gelände und lassen Sie ihn die ersten 20 bis 30 Minuten in Ruhe überall schnuppern, wo seine Artgenossen ihre Duftmarken hinterlassen haben – für ihn ist das wie „Zeitung lesen". Und dabei wollen wir ja auch nicht gestört werden. Danach können Sie mit dem Training anfangen und auch mal die Strecke wechseln oder ein für Sie beide neues Terrain erobern.

Wie die Pfunde gründlich schmelzen

DIÄT- UND TRAININGSPLAN FÜR EINEN MONAT

Nein, fett ist Ihr Hund nicht. Nur ein bisschen rund geworden. Kein Fall für eine strenge Diät, aber doch für ein paar Kampfmaßnahmen gegen die Fett-Teufelchen. Wie die aussehen können, zeigt Mischling Mick, 9 Jahre alt, Idealgewicht 16 kg, Futterbedarf 1120 Kalorien pro Tag.

Erste Woche: 400 g Dosen- und 200 g Trockenfutter (460 und 700 kcal), verteilt auf 3 Mahlzeiten, nach und nach ersetzt durch „Senior-Light"-Produkte. Snacks sind gestrichen. Bewegung: 15 Minuten Morgenspaziergang mit Schnupperpausen, dann 15 weitere Minuten in flotterem Tempo. Danach die erste Mahlzeit. Der zweite Gang am späten Vormittag, gemächlich. Mittags die

Prima Ausdauersport für Mensch und Hund: Rad fahren, bzw. neben dem Rad herlaufen. Ein Dickerchen, das leicht außer Atem gerät, muss aber vorher tüchtig abspecken und eine gute Kondition bekommen.

Vierbeinige „Mitläufer“ brauchen zum Joggen unbedingt einen weichen Untergrund. Vorher eine Trödelrunde einlegen und zwischendurch immer wieder eine Pause. Die tut sowohl Vierbeinern als auch Zweibeinern gut ...

zweite Mahlzeit. Nachmittags gemächlich zur Hundewiese im Park, apportieren, rennen, mit anderen Hunden spielen – mindestens eine Viertelstunde lang. Dritte Portion am frühen Abend, nach der Verdauungspause noch mal um den Block gehen.
Zweite Woche: Portionen wie in Woche 1, aber ausschließlich „Senior-Light“-Produkte. Bewegung: Wie Woche 1, aber die Nachmittags-Renn- und Spielzeit langsam ausdehnen auf 25 Minuten. Wenn „Spielkumpel“ fehlen, auf dem Rückweg flott gehen.
Dritte Woche: Wie Woche 2, Spielzeit auf der Hundewiese eine halbe Stunde. Abends noch 10 flotte Minuten zusätzlich.
Vierte Woche: Wie Woche 3, Spielzeit so lange der Hund Spaß daran hat.

Tipps & Tricks

✔ Füllen Sie Dosenfutter in Gläser oder Tupperdosen, bevor Sie es in den Kühlschrank stellen. Nehmen Sie es mindestens eine halbe Stunde vor dem Verfüttern heraus.

✔ Kauknochen aus Büffelhaut „leben“ lange, sind aber irgendwann doch verzehrt. Und haben Kalorien, also bitte nicht allzu freigiebig austeilen.

✔ Das flotte Laufprogramm mit Ihrem Hund sollten Sie wenn möglich auf weichem Untergrund absolvieren (Sandweg, Rasen usw.): Weniger Belastung für die Gelenke – auch für Ihre!

✔ Für „Langstreckenläufe“ eignet sich flaches Gelände besser als hügeliges.

✔ Kräftiges Buddeln ist für manchen Hund der Lieblingssport. Wie wär's mit einem Buddelplatz in der Gartenecke?

ger füttern müssen: „Weniger Masse, dafür aber mehr Klasse."

Leckerchen nur gegen Leistung

Wenn vom Futter die Rede ist, taucht unweigerlich auch die Gretchenfrage auf: Wie halten Sie's mit den Häppchen für zwischendurch? Darf es jetzt nicht doch mal einer der famosen Snacks und Leckerbissen sein, nach denen viele Hunde förmlich verrückt sind? Ja, aber …

➤ rechnen Sie die Extra-Bissen auf die tägliche Futterration an, sonst kommt der Speck garantiert wieder,

➤ lassen Sie „Dickmacher" vom Menschentisch aus dem Spiel und verfüttern Sie keine Süßigkeiten,

➤ lassen Sie Ihren Hund für die Leckerchen „arbeiten!" Belohnen Sie ihn, wenn er etwas Neues gelernt hat oder wenn er beim Spiel mit Ihnen besonderen Eifer zeigt. Verstecken Sie hier oder dort einen Leckerbissen und lassen Sie den erfolgreichen Sucher seinen „Finderlohn" genießen. Sollte Ihr Hund zu jenen Typen gehören, die schon zunehmen, wenn sie nur am Futter schnuppern, bleiben Sie lieber bei den „Mogel-Snacks" (→ Tipp, Seite 17).

Bewährtes beibehalten

Wenn Sie es irgendwie einrichten können, teilen Sie die Tagesration auch weiterhin auf drei bis vier Mahlzeiten auf. Regelmäßiges Wiegen sollten Sie ebenfalls beibehalten und die Ergebnisse weiterhin in das Futter-Tagebuch notieren. Schließlich wissen Sie aus Erfahrung, wie heimlich, still und leise die Pfunde auf den Hund kommen und wie spät Frauchens oder Herrchens liebevolles Auge solche Veränderungen bemerkt. Die Waage dagegen reagiert sofort. Achten Sie also drauf – umso besser können Sie die Fett-Teufelchen austricksen. Dass Sie am Sportprogramm festhalten sollten, versteht sich von selbst: Wenn nicht mehr genug Energie „ausgegeben" wird, legt Ihr Hund sein „Guthaben" wieder in Speckpolstern an.

TIPP

DIE BELOHNUNGSDOSE

Leckerli sind Dickmacher. Einerseits. Andererseits verdient ein braver Hund ja doch manchmal eine besondere Belohnung. Hat man aber erst mal damit angefangen, geht es nur zu oft weiter, bis das Snack-Päckchen leer ist. Klar, dass das mit der Zeit auf die Rippen geht. Der Kompromiss: Packen Sie jeden Tag eine kleine(!) Anzahl Leckerchen in eine Dose. Die dürfen Sie dann über den Tag verteilt ausgeben. Bitte bleiben Sie konsequent: Wenn die Dose leer ist, gibt's an diesem Tag keine Leckerli mehr, dafür aber umso mehr Lob und Streicheleinheiten zur Belohnung.

Sport im Verein kann wunderbar sein

Nicht zu vergessen: Auch Sie sind durch das Training mit Ihrem Hund auf dem Fitness-Treppchen ein gutes Stück nach oben gekommen. Vielleicht haben Sie dabei entdeckt, dass in Ihnen doch mehr Sportbegeisterung steckt, als Sie sich vorher hätten träumen lassen. Und mehr Neugier – zum Beispiel auf die Angebote der Hundesport-Vereine. Viele von ihnen laden auf ihre Plätze zu „Schnuppervorführungen" ein, und „reinriechen" lohnt sich unbedingt. Vielleicht nehmen Sie „nur" ein paar Anregungen mit nach Hause, vielleicht werden Sie und Ihr Vierbeiner aber auch zum sportlichen Dreamteam. Eine Auswahl aus dem Angebot:

Agility

Das Wort „Agility" bedeutet so viel wie Wendigkeit oder Behändigkeit. Es geht darum, den Hund schnell und fehlerlos über einen Parcours mit unterschiedlichen Hindernissen zu führen, beispielsweise über Hürden, durch Tunnel, eine Slalomstrecke, Sprung durch den Reifen, Balancieren und anderes mehr. Agility macht Hunden Spaß – allerdings nur, wenn sie topfit sind und sich durch Wettkampfbedingungen nicht gestresst fühlen.

Mobility

Zu deutsch heißt »Mobility" etwa Beweglichkeit. Auch hier geht es darum, einen Hindernisparcours zu überwinden. Hund und Mensch müssen dabei weder gegen die Zeit ankämpfen, noch andere Teilnehmer übertrumpfen – wichtig ist das harmonische Zusammenspiel, die richtige Ausführung der Übungen und der Spaß an der Sache. Und natürlich die Geselligkeit, sowohl für die Zwei- als auch für die Vierbeiner.

Flyball

Dieses Spiel ist eine Art Hürdenlauf mit Ball. Der Hund muss über Hindernisse sprinten, eine Ballmaschine auslösen, den Ball fangen und mit dem Ball zurück über die Hindernisse spurten. Schnelle und wendige Hunde mit Top-Kondition können viel Spaß daran haben – wenn ihre Menschen sie nicht von Turnier zu Turnier hetzen.

Obedience

Dieses Wort bedeutet übersetzt: Gehorsam. Das klingt für unsere Ohren vielleicht nicht eben verlockend, aber Hunde sehen das ganz anders. Befehle von Frauchen oder Herrchen auszuführen und dafür gelobt zu werden, gehört zu den Glanzlichtern im Hundealltag. Und darum geht es für den Vierbeiner: Eine Vielzahl von Übungen auf Kommando eifrig und korrekt auszuführen. In den Wettkämpfen wird nicht nur die Technik bewertet, sondern auch das harmonische Zusammenspiel. Viele Hundesportvereine bieten regelrechte Obedience-Wettkämpfe an, die in verschiedene Klassen aufgeteilt sind.

Wow, was für ein Sprung! Der Airedale macht wirklich eine gute Figur.

Dog Dancing

Darf ich bitten, Bello? Die Aufforderung ist nur halb so verrückt, wie sie sich anhört, und das Tanzen mit dem Hund hat sich schon für viele Zwei- und Vierbeiner zum Lieblingssport entwickelt. Die Grundidee: Mensch und Hund bewegen sich gemeinsam im Rhythmus der Musik. Auf Kommando oder Handzeichen läuft der Hund bestimmte Figuren: zum Beispiel „Achten" um und durch die Beine, er läuft vorwärts, rückwärts, seitwärts, um Gegenstände herum, rollt sich, springt, macht Männchen – was sich eben so in eine Choreographie einbauen lässt, bis hin zu Schrittfolgen, die an die „Hohe Schule" der Pferdedressur erinnern. Bewertet werden nicht nur Choreographie und korrekte Ausführung der einzelnen Übungen, sondern vor allem die Harmonie zwischen Mensch und Hund: Wer es mit Drill, Schimpfen oder Strafe probiert, wird disqualifiziert. Dog Dancing ist für jeden Hund geeignet, auch für die älteren Semester. Und für jeden Hundehalter, der Spaß an Musik hat. Das Dog Dancing hat inzwischen einen festen Platz in vielen Hundesportvereinen eingenommen und wird von vielen Interessierten genutzt.

Dummy-Training

Dieses spezielle Training hat seinen Ursprung in der Jagdhunde-Ausbildung. Dummys sind künstlicher Wild-Ersatz, eigens „erfunden" für die Wassergeflügeljagd mit Retrievern. Das Dummy wird geworfen, oft fällt dabei gleichzeitig ein Schuss, um die Jagdsituation zu simulieren. Der Hund muss ruhig sitzend den „Flug" des Dummys mit Augen und Ohren verfolgen und darf erst auf Kommando loslaufen, um es zu apportieren. Andere Möglichkeit: Der Gegenstand wird außer Sicht des Hundes eine bestimmte Strecke durch das Gelände gezogen (man nennt dies in der Fachsprache: Schleppe legen) und er muss das „Wild" mit Hilfe seiner Nase finden. Dummytraining wird hauptsächlich von Retrieverclubs angeboten, was aber nicht bedeutet, dass dort nur Retriever und ihre Halter willkommen sind. Auch andere Hunde dürfen mittrainieren.

TIPP
„FÜHRERSCHEIN"

Eine bundesweit einheitliche Hundeführerschein-Ausbildung mit Theorie und Praxis bietet der VDH (Verband für das Deutsche Hundewesen, Adresse Seite 47) an. Hier lernen Hund und Halter beispielsweise das richtige Verhalten in Stresssituationen wie im Straßenverkehr. Für Kurs und Prüfung sowie Schulungsmaterial wird eine Gebühr erhoben.

Fährtenarbeit

Die Spurensuche an der langen Leine nennt man Fährtenarbeit. Dabei geht es durchs Gelände: Wiesen, Ackerboden, ebene Wege oder Bodenwellen. Der Hund muss mit Hilfe seines Geruchssinns auf einer bestimmten Strecke versteckte Gegenstände finden und sie seinem Hundeführer durch entsprechendes Verhalten anzeigen. Fährtenarbeit kann als Teil der Vielseitigkeit (früher Schutzhundausbildung genannt) gelernt werden oder auch in Einzelkursen. Der Sport eignet sich für alle, die frühes Aufstehen nicht scheuen, gern zu Fuß in der Natur unterwegs sind und eine echte „Supernase“ an ihrer Seite haben.

Wagenziehen

Für Berner Sennenhund, Neufundländer, Leonberger und andere „schwere Jungs und Mädels“ ist schnelles Laufen oder Hindernissport mit Sprüngen wegen der Gelenkbelastung nicht das Wahre. Viele von ihnen finden aber großes Vergnügen am Wagenziehen. Zughunde sollten nicht unter zwei Jahre alt sein, mindestens 50 cm Schulterhöhe und 30 kg Gewicht haben. Man braucht spezielle Wagen, entsprechende Geschirre und eine ganze Menge vorbereitendes Training unter fachkundiger Anleitung. Ein Zughund kann das Zwei- bis Vierfache seines Körpergewichts ziehen – ein durchaus respektabler „Transportunternehmer“.

Gelernt ist gelernt

Wahrscheinlich ist Ihr Hund brav, gehorcht aufs Wort und weiß sich in jeder Situation tadellos zu benehmen. Schön wär's? Falls Ihr Liebling gewisse „Bildungslücken“ hat, können die Vereine ebenfalls weiterhelfen: Sie bieten Kurse (→Info, Seite 42) an, in der der Hund gemeinsam mit seinem Menschen für alle Stolpersteine im Alltagsleben fit ge-

INFO

SCHWARZE SCHAFE ERKENNEN

Die VDH-Mitgliedschaft bietet eine gewisse Grundsicherheit vor „schwarzen Schafen“ als Hundeausbilder, aber nicht mehr. Nehmen Sie also selbst den Ausbilder unter die Lupe! Ein guter Hundeausbilder kennt die Ergebnisse der modernen Verhaltensforschung und richtet sich danach, indem er ausschließlich mit positiver Verstärkung arbeitet. Strafen und so genannte „Starkzwangmittel“ wie Reizstrom (Teletakt) oder Stachelhalshand haben in Ausbildung und Hundesport nichts zu suchen.

Gehört zum „Agility"-Parcours: Slalom-Strecke aus Stangen. Wer genügend Platz hat, kann solch einen Geschicklichkeits-Parcours auch im Garten aufbauen.

TIPP
SAUWETTER-SPIELE

Bauen Sie einen „Home-Agility-Parcours" im Haus auf: Niedrige Tischchen mit Decken zum Tunnel umfunktionieren, Getränkeflaschen aus Kunststoff laden zum Slalomlauf ein, zusammengerollte Teppiche werden zu Hindernissen.

macht wird -- bis hin zum richtigen Verhalten in Stresssituationen (zum Beispiel im Straßenverkehr, gegenüber Kindern, Artgenossen und natürlich auch dem Briefträger). Ob „Hundeführerschein", „Team Test" oder „Begleithundprüfung": Gelernt ist gelernt, und ein gut erzogener, richtig geführter Hund trägt eine Menge dazu bei, die in der Öffentlichkeit immer mal wieder aufflammenden Vorurteile gegen Bello & Co. zu widerlegen. Für die Teilnahme an vielen Vereinssport-Wettkämpfen ist die bestandene Begleithunde-Prüfung Voraussetzung.

Allein statt Verein

Selbstverständlich können Sie Ihren Hund auch ohne Verein sportlich fördern und fordern – aber wo finden Sie schon so viele unterschiedliche Ideen für die artgerechte Beschäftigung Ihres vierbeinigen Freundes? Doch einige Übungen dürfen Sie getrost „klauen" und für den Hausgebrauch abwandeln (→ Seiten 33 und 44/45). Je mehr Spaß Sie beide gemeinsam an Spiel und Sport haben, desto weniger haben die Fett-Teufelchen zu lachen.

So macht Schlankbleiben richtig Spaß

BELIEBTE SPIELE FÜR HUND UND MENSCH

Keine Lust auf Vereinssport oder kein Hundeverein mit Übungsplatz in der Nähe? Macht nichts, so lange Sie Ihrem Vierbeiner trotzdem das Vergnügen gönnen, auch mal mit Artgenossen herumzutollen. Und natürlich gibt es jede Menge Spiele, die Sie beide fit durchs Jahr bringen.

Die besten Spiele

Verstecken: Das Spiel funktioniert besonders gut, wenn noch jemand mitkommt. Die zweite Person hält den Hund fest, während Sie sich verstecken. Selbstverständlich gibt es Lobeshymnen, wenn er Sie gefunden hat. Weiten Sie nach und nach die Such-Distanz aus.

Aus dem Wasser gezogen: Wie man sieht haben nicht nur Retriever Spaß an „Dummy-Arbeit“ als umweltverträglichen Ersatz für die Entenjagd. Übrigens: Auch Schwimmen ist ein feiner Hundesport!

Beim Springen nach der Frisbeescheibe werden Hunde zu Artisten, vorausgesetzt, sie sind schlank und fit. Ab Setter-Größe allerdings ist Vorsicht geboten: Hohe Sprünge belasten die Gelenke zu stark.

Und ab durch die Mitte! Aber seien Sie nicht enttäuscht, wenn Ihr Hund dem Sprung durch den Reifen und ähnlichen Herausforderungen nichts abgewinnen kann. Hauptsache, er läuft (wieder) gern.

TIPP
SICHER IM GRIFF

Falls Ihr Sportskamerad ein Halsband trägt – gönnen Sie ihm für Ihre Unternehmungen draußen ein gut sitzendes Brustgeschirr mit Rückensteg! Damit haben Sie ihn sicherer im Griff, wenn es mal nötig sein sollte, und es gibt keinen unangenehmen Ruck am Hals. Ein Geschirr hat also für Hund und Halter Vorteile.

Beutebeutel: Die Idee ist beim Dummytraining „geklaut“. Vorarbeit: Besorgen Sie sich ein strapazierfähiges Stück Waschleder und nähen Sie einen schmalen Beutel daraus, der sich gut verschnüren lässt. Stopfen Sie ihn wie eine Wurst mit Trockenfutter oder Leckerlis (Sie wissen schon, anrechnen!) und schnüren Sie ihn zu. Ihr Hund muss brav sitzen, während Sie den Beutel werfen und darf erst auf Ihr Kommando loslaufen. Er apportiert und Sie belohnen ihn mit ein paar Leckerchen aus dem Beutel, bevor Sie ihn erneut verschnüren.

Buddel-Buddies: Ob im Sand oder im Schnee – viele Hunde buddeln begeistert. Wie wär’s mit einem kleinen Wettbewerb am Strand? Beim Schneebuddeln haben Sie sogar gute Gewinnchancen: Aber nur mit Schippe.

REGISTER

ADRESSEN

Verbände/Vereine

➤ Fédération Cynologique Internationale (FCI), Place Albert 1er, 13, B-6530 Thuin/Belgien, www.fci.be

➤ Verband für das Deutsche Hundewesen e. V. (VDH), Postfach 104154, 44041 Dortmund, www.vdh.de

➤ Österreichischer Kynologenverband (ÖKV), Siegfried-Marcus-Str. 7, A-2362 Biedermannsdorf, www.oekv.at

➤ Schweizerische Kynologische Gesellschaft (SKG/ SCS), Postfach 8276, CH-3002 Bern, www.hundeweb.org

Anschriften von Hundeclubs und -vereinen können Sie bei den vorgenannten Verbänden erfragen.

➤ Deutscher Tierschutzbund e.V., Baumschulallee 15, 53115 Bonn, www.tierschutzbund.de

Für Adressen von Tierarztpraxen mit Naturheilverfahren:

➤ Gesellschaft für ganzheitliche Tiermedizin e.V. (GGTM), Geschäftsstelle: Dr. M. Wolters, Dahlienstr. 15, 53332 Bornheim-Waldorf, www.ggtm.de

Hunde im Internet

Viel Wissenswertes rund um Hunde, inklusive Gesundheit, Ernährung, Urlaub, Rassen und Hundeschulen, finden Sie auf folgenden Internetseiten:

➤ www.hundezeitung.de
➤ www.hunde.com
➤ www.hundewelt.de
➤ www.mypetstop.com
➤ www.hund.ch

Informationen über giftige Pflanzen erhalten Sie unter:

➤ www.vetpharm.unizh.ch/perldocs/toxsyqry.htm

Fragen zur Haltung beantworten

Ihr Zoofachhändler und der Zentralverband Zoologischer Fachbetriebe Deutschlands e. V. (ZZF), Rheinstr. 35, 63225 Langen, Tel. 0 61 03/91 07 32 (nur telef. Auskunft möglich), www.zzf.de

Haftpflichtversicherung

Fast alle Versicherungen bieten Haftpflicht an.

Krankenversicherung

➤ Uelzener Allgemeine Versicherungsgesellschaft AG, Postfach 2163, 29511 Uelzen, www.uelzener.de

➤ AGILA Haustier-Krankenversicherung AG, Breite Str. 6–8, 30159 Hannover, www.agila.de

Registrierung von Hunden

➤ Haustierzentralregister, TASSO e. V., Frankfurter Str. 20, 65795 Hattersheim, Tel. 0 61 90/93 22 14, www.tiernotruf.org

➤ Internationale Zentrale Tierregistrierung (IFTA), Weiherstr. 8, 88145 Maria Thann, Tel. 0 08 00/84 37 73 -44 78 37 (kostenlos), www.tierregistrierung.de

➤ Deutsches Haustierregister, Deutscher Tierschutzbund e. V., Baumschulallee 15, 53115 Bonn, www.tierschutzbund.de

Wer seinen Hund vor Tierfängern und dem Tod im Versuchslabor schützen will, kann ihn hier registrieren lassen.

BÜCHER

➤ Trumler, E.: Mit dem Hund auf du. Piper Verlag, München

➤ Meyer, H./Zentek, J.: Hunde richtig füttern. Ulmer Verlag, Stuttgart

➤ Haag, G.: Das koche ich meinem Hund. BLV-Verlag, München

➤ McGeehan, M.: Fitness-spass für Mensch und Hund. Gräfe und Unzer Verlag, München

➤ Schlegl-Kofler, K.: Hunde-Erziehung sanft & erfolgreich. Gräfe und Unzer Verlag, München

➤ Marshall-Thomas, E.: Das geheime Leben der Hunde. Rohwohlt-Verlag, Reinbek

➤ Verhoff-Verhallen, E. J. J.: Hunde-Enzyklopädie. Nebel-Verlag, Utting

➤ Fogle, B.: Die BLV-Enzyklopädie der Hunde. BLV-Verlag, München

ZEITSCHRIFTEN

➤ Der Hund. Deutscher Bauernverlag, Berlin

➤ Unser Rassehund. Hrsg. Verband für das Deutsche Hundewesen e.V., Dortmund

➤ Partner Hund. Gong Verlag, Ismaning

DIE AUTORIN

Brigitte Eilert-Overbeck ist seit vielen Jahren begeisterte Katzenhalterin und hat das Verhalten dieser faszinierenden Tiere intensiv studiert. Sie hat bei TV Hören und Sehen das Ressort „Frau und Familie" geleitet und etliche Artikel zum Thema „Haustiere" verfasst. Sie ist mit Hunden aufgewachsen und hat nach wie vor eine Schwäche für Bello & Co.

DIE FOTOGRAFEN

Cogis/Francais: Seite 9 re.; Juniors/Schanz: Seite 40; Juniors/Steimer: Seite U2, 16, 17, 25; Juniors/Wegner: Seite 2; Schanz: Seite 35 li.; Steimer: Seite 8 re., 27, 31, 32, 34, 36, 43, 44, 45; Wegler: Seite U1, 3, 4, 6, 8 li., 9 li., 10, 13, 14, 18, 20, 22, 28, 35 re., 39, U4.

IMPRESSUM

Redaktion: Gabriele Linke-Grün, Judith Starck
Umschlaggestaltung und Layout: H. Bornemann Design, München
Satz: Filmsatz Schröter, München
Produktion: Maike Harmeier
Repro: Longo, Bozen
Druck und Bindung: Alcione, Trento

Printed in Italy

ISBN 3-7742-6314-0

Auflage	4.	3.	2.	1.
Jahr	2007	06	05	04

GRÄFE UND UNZER

Ein Unternehmen der
GANSKE VERLAGSGRUPPE